农业科普丛书

图说油菜生产机械化

主 编 黄 凰 廖庆喜

副主编 廖宜涛 吴昭雄

U0306488

中国农业科学技术出版社

图书在版编目（CIP）数据

图说油菜生产机械化 / 黄凰，廖庆喜主编 . —北京：
中国农业科学技术出版社，2021.6
ISBN 978 – 7 – 5116 – 5363 – 5

Ⅰ . ①图… Ⅱ . ①黄… ②廖… Ⅲ . ①油菜—机械化栽培—图解
Ⅳ . ① S634.3–64

中国版本图书馆 CIP 数据核字（2021）第 115506 号

责任编辑 周丽丽
责任校对 马广洋
责任印制 姜义伟 王思文

出 版 者 中国农业科学技术出版社
　　　　　北京市中关村南大街 12 号 邮编：100081
电 话 （010）82109194（编辑室） （010）82109702（发行部）
　　　　　（010）82109709（读者服务部）
传 真 （010）82109194
网 址 http://www.castp.cn
经 销 者 各地新华书店
印 刷 者 北京地大彩印有限公司
开 本 787mm×1092mm 1/20
印 张 3
字 数 60 千字
版 次 2021 年 6 月第 1 版 2021 年 6 月第 1 次印刷
定 价 30.00 元

资　助

湖北省农业科技创新行动
国家自然科学基金项目（71503095）
农业农村部全国农业科研杰出人才及其创新团队（2015-62-145）
财政部和农业农村部国家现代农业产业技术体系（CASR-12）

《图说油菜生产机械化》

编委会

主　编　黄　凰　廖庆喜

副 主 编　廖宜涛　吴昭雄

编　委　舒彩霞　张青松　黄小毛

油菜生产机械化培训班

老王、老李和老李的儿子小李参加了农业农村部组织的油菜生产机械化培训班。

培训班专家讲解的主题是油菜生产全程机械化技术与装备。过去农民们种田很辛苦，许多生产环节都是人工作业。

老王家的油菜田在平原地区，地势平坦，油菜连片种植，很适合机械化作业。

老李家在丘陵山区，油菜田不连片，每块田面积都很小。

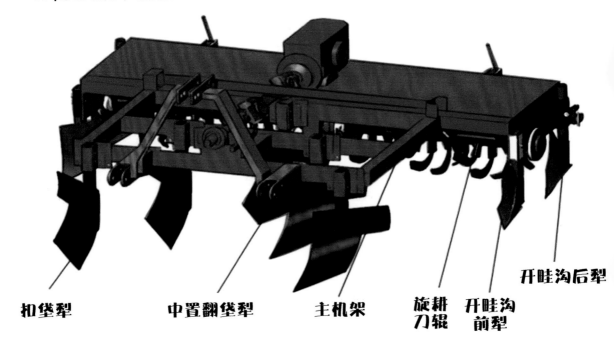

扣垡犁　　　中置翻垡犁　　　主机架　　旋耕刀辊　开畦沟前犁　开畦沟后犁

是的，油菜种植的全过程都可以实现机械化作业。在耕整地阶段，这种油菜犁旋耕整机将犁耕与旋耕组合，可以一次性完成秸秆粉碎、翻埋、碎土平整、开畦沟等作业。

精量联合播种：一般选用能一次性完成灭茬、旋耕、开沟、播种、施肥和覆土等作业工序的联合播种机进行作业。

免耕联合播种：一般选用能一次性完成开沟、播种、施肥和覆土等作业工序的免耕联合直播机进行作业。

整地开沟+机械直播：一般选用拖拉机带旋耕机进行耕整地和开沟作业，再用机械播种施肥。

免耕开沟+机械直播：一般选用免耕开沟机进行开沟作业，再用机械播种施肥。

建议优先采用精量联合播种机进行作业。

根据土壤墒情、前茬作物类型以及当地农艺要求，机械直播主要有这几种方式。

油菜播种机有多种不同的类型，排种器是播种机的核心。按照排种形式，可分为单体式排种器和多行集排式排种器。下面的播种机就是使用的单体式排种器，即"一器一行"的排种器。

集排式排种器是多行排种的排种器，下图这种是"一器双行"的播种机。

按排种原理又分为机械式排种和气力式排种。其中机械式排种器是指种子从种箱中分离出来，充种、清种和卸种等环节主要靠种子自重或机械装置作用力来完成；气力式排种器通常是通过拖拉机动力输出带动风机，产生真空吸力或空气压力，完成充种、吸种、清种、投种等环节。

气送式联合直播机

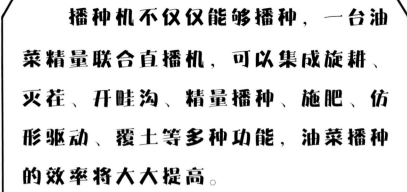

播种机不仅仅能够播种，一台油菜精量联合直播机，可以集成旋耕、灭茬、开畦沟、精量播种、施肥、仿形驱动、覆土等多种功能，油菜播种的效率将大大提高。

大家还可以根据需要配置不同的功能，比如播种的同时进行封闭除草。封闭除草是指油菜机械播种后芽前使用除草剂在土壤表面形成一层药膜，使杂草不能出苗生长。

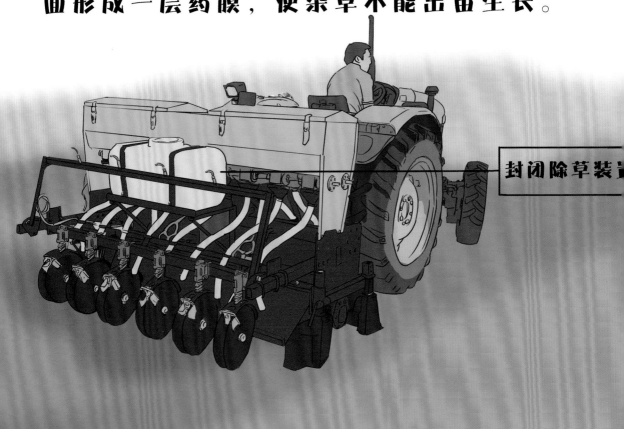

封闭除草装置

针对大规模田块和北方春油菜区，可以使用宽幅高效的油菜精量联合播种机。

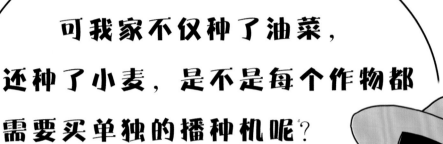

可我家不仅种了油菜，还种了小麦，是不是每个作物都需要买单独的播种机呢？

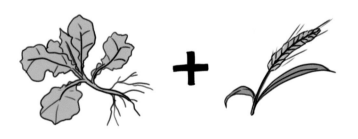

大可不必，我们现在有多功能的直播机，不仅能播种油菜，还能播种小麦，例如这台油麦兼用型联合直播机。

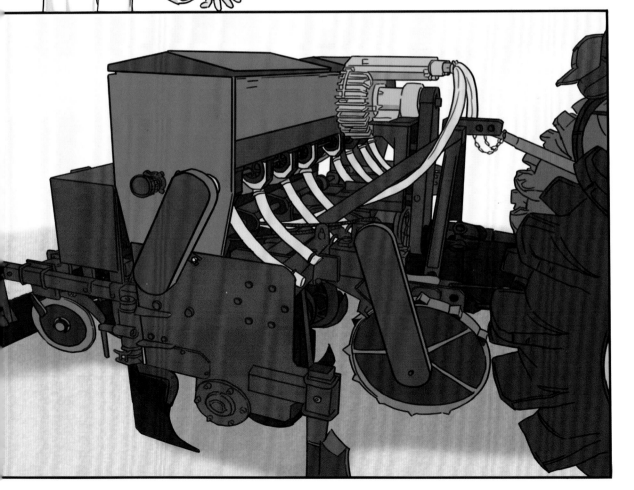

是啊，经过不断优化，机器不仅能精密播种油菜、精量播种小麦，适当调整排种装置参数，还可以播种大豆、谷子、高粱、蔬菜等作物，也可以进行水稻旱直播。

人工撒播　　　　　　　　　　　　　　　　机械直播

好处多着呢！机械直播的油菜出苗均匀整齐，不用间苗、补苗。相比人工撒播，机械直播植株根系更发达，更有利于增产。

　　机械化作业方式相比人工作业方式，成本会大幅降低。例如有地方做过调查，在油菜生产主要环节采用机械化作业方式，比人工作业方式每亩节省成本345元。

作业方式	投入				
	人工投入（天）	人工费（元）	机械费（元）	农资投入（元）	累计投入（元）
人工作业方式	苗床用工（半天）	75		125	775
	耕地（半天）	75			
	移栽（2天）	300			
	田间管理（半天）	50			
	收割（1天）	150			
机械作业方式	前期用工（半天）	75	机种80 机收100	125	430
	后期用工（半天）	50			

（数据来源: http://www.hbycaas.com/content-55024-665-1.html）

无人机"飞播"近年来发展很快，相比地面机械，这种方式不受地形及地表条件的限制，作业效率高，特别适合丘陵山区散小地块、滩涂地、久雨后大田等地面机具无法进入或进入经济效益不高场景下的油菜机械化播种。

在一些前茬作物收获时间晚、茬口矛盾突出的地区，可以使用育苗移栽的方式种植油菜。这种毯状苗育苗和切块取苗—切缝栽插的机械移栽方式，每小时能够移栽油菜5～8亩，还可以移栽小青菜、芥菜、芹菜等蔬菜作物。从各地使用情况看，旱茬油菜毯状苗机械移栽效果好，稻茬油菜机械移栽须适墒精细整地。

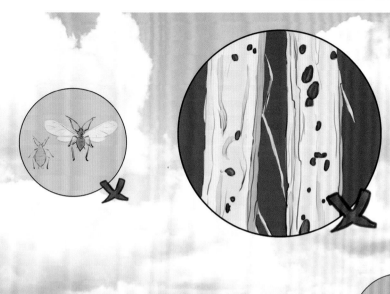

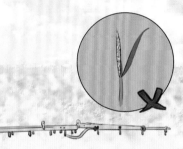

油菜常见病害有菌核病、霜霉病、根肿病等，虫害有蚜虫、小菜蛾、菜粉蝶幼虫（菜青虫）、潜叶蝇等。对于病虫草害，需要进行机械植保作业。过去使用背负式喷雾机、担架式机动喷雾机较多，近年来喷杆喷雾机、无人植保机逐渐受到农民朋友青睐。由于播前、苗期、花期都需要植保作业，地面机械采用高地隙喷雾机，适用性更好。

采用无人机进行植保作业，效率大幅提高，不同类型的无人机作业效率有所差异，一般是人工作业的50倍以上。

油菜机收有联合收获和分段收获两种方式。联合收获适用于直播油菜，或株型紧凑、高度适中的移栽油菜。在全田油菜角果全部变成黄色或褐色、成熟度基本一致的条件下收割，作业时开启秸秆粉碎、匀抛装置。油菜联合收获机能一次完成油菜的切割、脱粒、分离、清选等作业工序，更换装置，还可以收割水稻、小麦等作物，实现一机多用。

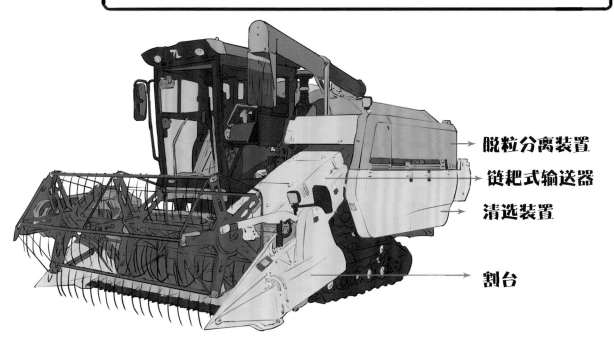

脱粒分离装置

链耙式输送器

清选装置

割台

　　油菜分段收获是一种先割晒再捡拾、脱粒的收获方式，对成熟度不一致、一次收获难度大的育苗移栽油菜，以及直播高产油菜具有很好的适应性。分段收获的第一步是用割晒机将油菜割倒，铺放在田间晾晒3～5天。

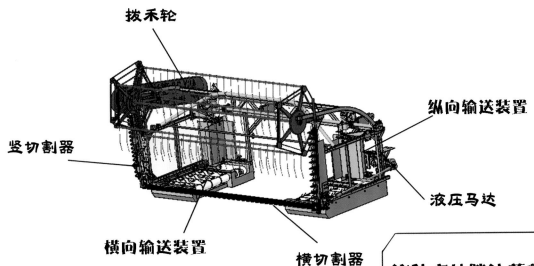

拨禾轮

竖切割器

纵向输送装置

液压马达

横向输送装置

横切割器

这种高地隙油菜割晒机（4SY-1.8型油菜割晒机）与拖拉机配套作业。

　　一般的割晒机只能将油菜茎秆割倒后铺放到一侧，4SY-1.8型油菜割晒机可将油菜茎秆割倒后，在厢面中间纵向有序条铺，让茎秆在割茬上晾晒。

如果是大一点的田块，可以使用2.9米幅宽割晒机（4SY-2.9型油菜割晒机），效率更高。

4SY-2.9型油菜割晒机

割倒的油菜根据不同区域气候条件晾晒3~5天后，用捡拾脱粒机进行捡拾脱粒作业。

油菜籽含水率高，易发生霉变，收获后应及时烘干。一般选用具有油菜籽烘干功能的烘干机进行作业，烘干过程应严格控制热风温度，确保油菜籽不出现焦糊粒，含水率≤10%，水分不均匀度≤2%。

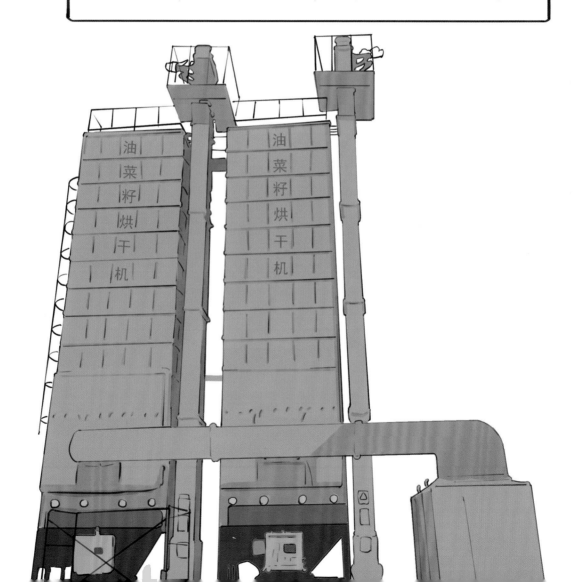

丘陵山区很多农户遇到的问题跟你是一样的。一般来说，有下面一些解决方案，首先可以考虑使用小型农机，小型农机灵活方便，价格也不高，在丘陵山区具有良好的适用性。

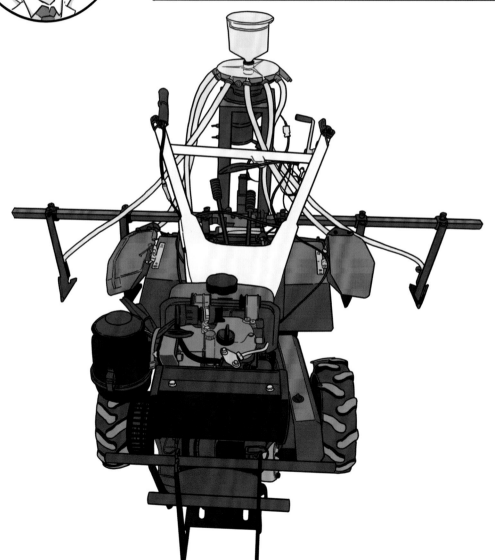

机器虽然小，功能却一点都不少，看这台小型油菜播种机，旋耕、开沟、播种、施肥都能完成。

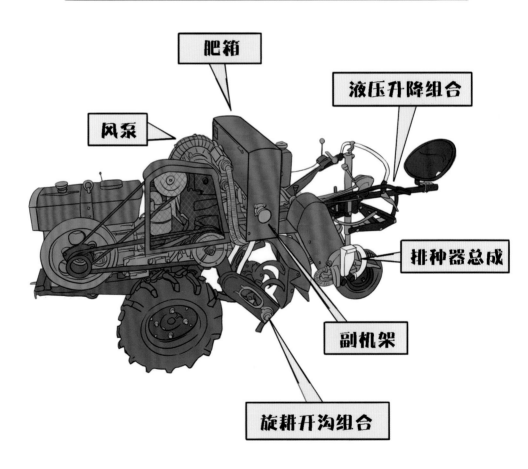

小型农机好是好，就是作业效率不高，作业面积有限，只能种个"一亩三分地"，能适期播种的面积小，收入低。

您这个问题非常好，要想增加收入还得实现适度规模经营，其中对地块进行宜机化改造是一个很好的办法，即综合运用工程机械、农业机械、有机质提升等工程措施和生物技术改良农田，改善农机作业条件，达到农机特别是大中型农业机械用得上、用得好的目的。从长远来看，这是一种非常有效的方式，但初期开展农田整治和基础设施建设的投入较高。

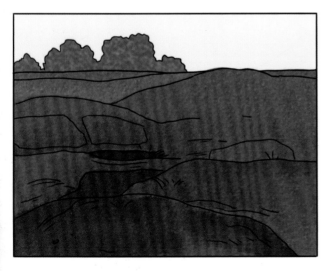

整治前

整治中

您还可以考虑购买农机作业服务或进行土地托管，让专业化的组织或新型农业经营主体来进行农业生产，这样您可以从繁重的农业生产中解放出来，也不用担心买不起、用不好农机装备，或者装备利用率太低、作业效率太低等问题。您可以干自己喜欢的事儿，或者找一份更赚钱的工作。

我的油菜田就交给你，我要出去打工了。

丘陵山区受到地形条件的限制，外地农机因交通不便利、作业成本高、进村服务比较少，村里有农机的农户可以为周边农户提供作业服务，我们非常鼓励农户开展油菜生产各环节的作业服务，这种方式可以解决农户小田块与农机规模作业之间的矛盾。

我购买了油菜播种机、收割机，准备开始农机作业服务了。

相邻农户还可以一起来协商统一种植品种、统一农机作业时间等问题，共同提高机械化作业水平。当然农户也可以成立农机专业合作社等新型经营主体，为周边农户提供"保姆式"作业服务。

我们来成立一个合作社吧，统一种植品种，协商农机作业时间。

丘陵山区是农机化发展的难点。我上面介绍的几种方式，各地要结合当地的实际情况，考虑农机类型与型号、田块大小、经营方式等各方面因素进行合理选择。我相信，在不久的将来，我们一定会破解丘陵山区农机化发展的难题。

　　老李的儿子是新农人，他更在意的是如何通过农业致富。家里的田块都很小，种田效益不高，这些年除种田之外，他还在家搞起了牛羊养殖。

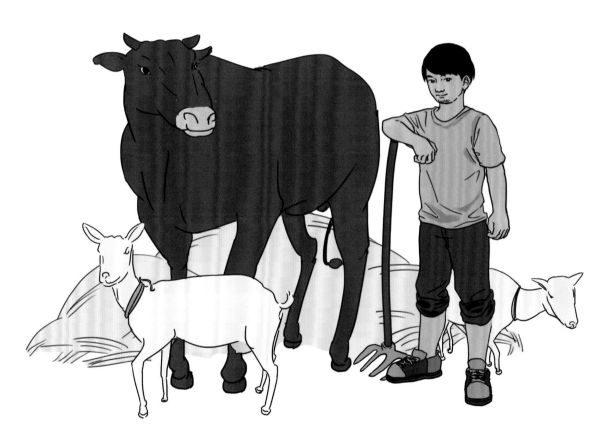

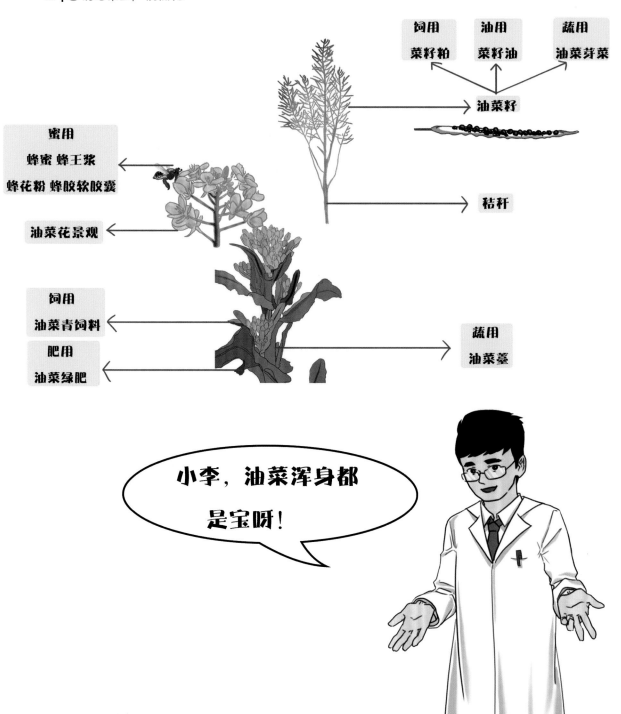

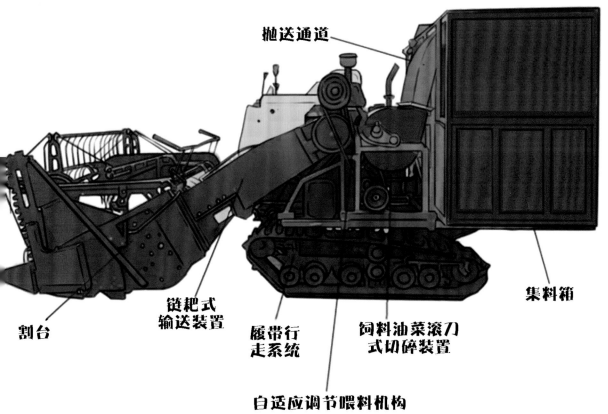

抛送通道

集料箱

链耙式
输送装置

割台

履带行
走系统

饲料油菜滚刀
式切碎装置

自适应调节喂料机构

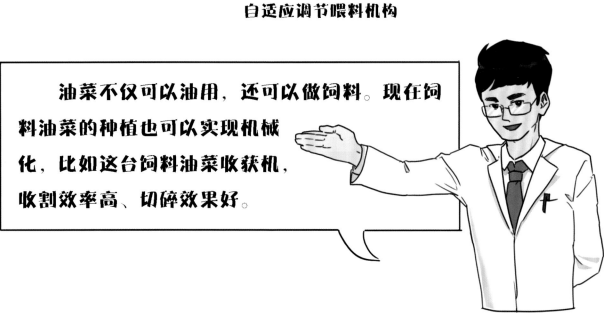

　　油菜不仅可以油用，还可以做饲料。现在饲料油菜的种植也可以实现机械化，比如这台饲料油菜收获机，收割效率高、切碎效果好。

油菜还可以"一菜两用"，既收获菜薹，又收获菜籽，种一季油菜轻轻松松赚两次钱。现在我们有专家团队正在研究菜薹收获机，来解决菜薹人工收获劳动强度大的难题，机械化的问题解决了，油菜种植的效益会大大提高。

有些地方冬闲田比较多，这些地方种上油菜绿肥是一个很好的选择。在花期用旋耕机粉碎油菜植株，然后深耕翻埋入土形成绿肥，油菜根系分泌有机酸，使磷分解为易吸收的状态，能增加水稻等下一茬作物的产量。

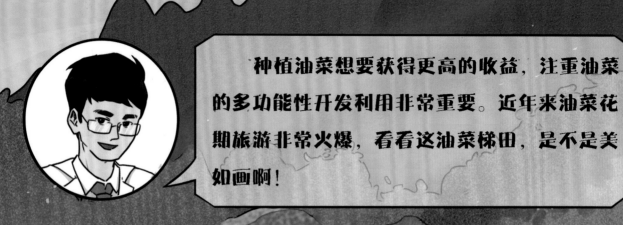

种植油菜想要获得更高的收益，注重油菜的多功能性开发利用非常重要。近年来油菜花期旅游非常火爆，看看这油菜梯田，是不是美如画啊！

　　油菜花除了常见的黄色品种外，还有红色、白色、粉色、紫色和橙色等颜色，也可以与小麦混种，合理搭配形成漂亮的景观图案。一般利用RTK（Real-time kinematic，实时动态）辅助精准定位进行人工播种或移栽施工，现在也可以用无人机进行高效精准"飞播"作业。结合当地地形地貌和文化特色，营造氛围、广告宣传，打造亮丽名片，发展乡村旅游，促进第一产业和第三产业融合，助力乡村振兴。

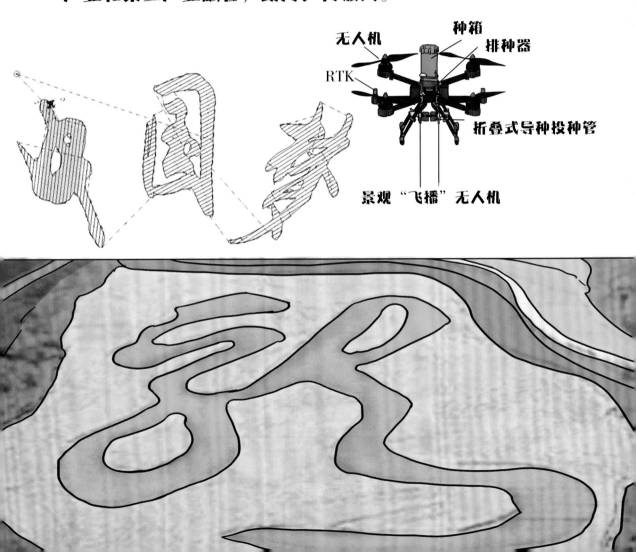

无人机　种箱　排种器　RTK　折叠式导种投种管

景观"飞播"无人机

农机合作社、农机户和种植大户、家庭农场、企业等新型农业经营主体，可以将业务范围，由生产环节拓展到油菜加工等环节，打造自己的菜籽油品牌，享受更多的增值收益。

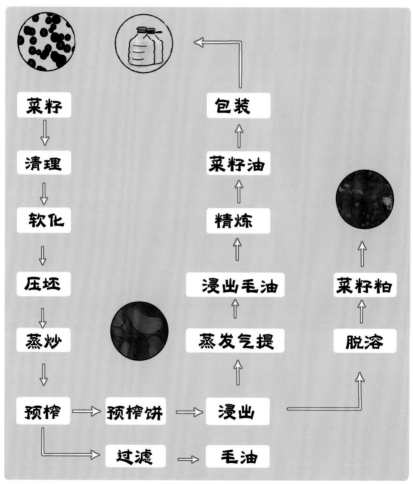

菜籽油的制取一般有压榨法和浸出法两种。压榨法即物理压榨方式；浸出法是用萃取原理，即食用植物油油提溶剂取油方式，是更先进的生产工艺。

现代油菜籽加工设备

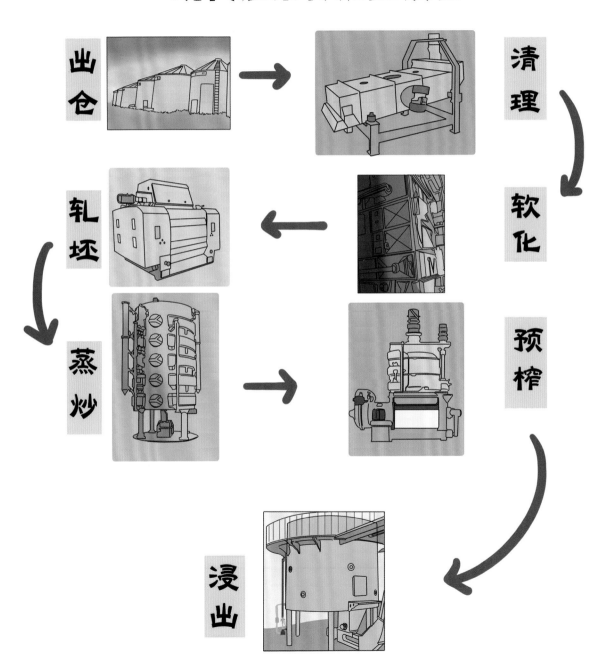

出仓 清理 软化 轧坯 蒸炒 预榨 浸出

专家，听您这么一说，我以后从事农业生产的干劲儿和信心更足啦。那未来的农机装备将是什么样子呢？

　　刚才我讲的，都是单个农机装备。未来，随着自动化、信息化、人工智能等技术的应用，我们的农机装备将更加智能，装备之间能够互联，并最终形成一套农业管理体系，提高农业生产的整体效益。

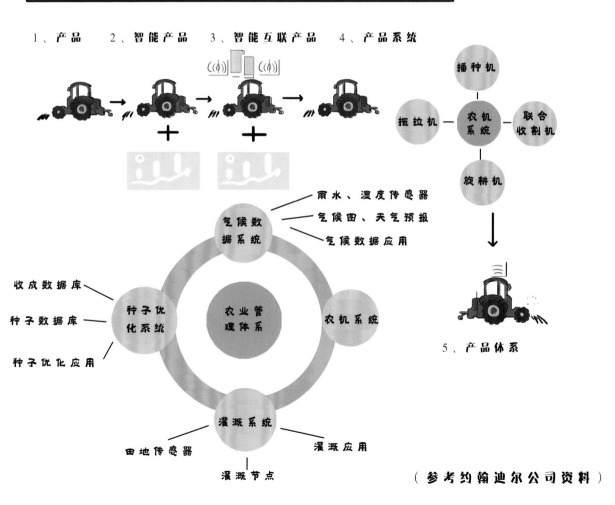

（参考约翰迪尔公司资料）

智能装备是系统的核心。农机能实现自动驾驶，种田轻松多了！

状态数字化检测	状态识别		作物智能装备		环境信息感知	全方位信息感知
	故障诊断				作物信息感知	
	健康管理	←		→	数据智能处理	
自动导航控制	环境感知与建模				发动机智能控制	智能动力驱动
	避障与定位				智能液压动力换挡	
	路径规划				智能动力匹配	
	智能控制		↑		自动切换动力	

智能精准作业			
精准耕整地	精准播种	精准施肥	精准施药
精准除草	精准灌溉	精准收获	环境精准调控

（参考李道亮《无人农场——未来农业的新模式》P127）

电动方向盘自动驾驶系统

液压自动驾驶系统

咱们的农场将成为"无人农场"，小李，你只需要操控电脑、点点手机，农业生产的各个工序将自动完成，能够实现全天候、全空间、全过程的无人化作业，未来的农业是不是很值得期待啊！

作业无人机

云端　　高精度位置服务

AI数据中心　　监测无人机

牧场物联监测

农田自动驾驶导航

农田物联监测

农田机器人　　移动智能终端

农科社官网
http://www.CASTP.cn

上架建议：农业/农艺学

ISBN 978-7-5116-5363-5

定价：30.00元

责任编辑　周丽丽
封面设计　孙宝林　田　静

中国农业科学技术出版社
官方微信公众号平台

"十四五"时期国家重点出版物出版专项规划项目

农业科普丛书

图说饲用油菜生产机械化

主　编　廖宜涛　廖庆喜　　　　副主编　黄　凰　周广生

中国农业科学技术出版社